APERÇUS

SUR LA

GELÉE D'AUTOMNE

ET SUR

L'INFLUENCE DES HERBES ET FOURRAGES

COMME ENGRAIS

DANS

LA CULTURE DE LA VIGNE

PAR

PAUL RAYMOND

PRIX : **50** CENTIMES

BORDEAUX

TYPOGRAPHIE AUGUSTE LAVERTUJON

7, rue des Treilles, 7

1864

APERÇUS

SUR

LA GELÉE D'AUTOMNE

APERÇUS

SUR LA

GELÉE D'AUTOMNE

ET SUR

L'INFLUENCE DES HERBES ET FOURRAGES

COMME ENGRAIS

DANS

LA CULTURE DE LA VIGNE

BORDEAUX

TYPOGRAPHIE AUGUSTE LAVERTUJON

7, rue des Trellies, 7

—

1864

INTRODUCTION

—

La conservation en bonne santé et en bons rapports de la vigne est de l'intérêt de tout le monde.
La vigne est la grande source de la richesse et
du bien-être de notre pays. Qu'on se reporte aux
temps des plus grands ravages de l'oïdium; qu'on
se rappelle les ateliers de tonnellerie fermés, les
propriétaires sans argent, pouvant à peine payer
leurs impôts, les ouvriers et les journaliers sans
ouvrage, réduits à ne boire que de mauvaises
boissons, et l'on aura une juste idée de ce que
j'avance.

On conçoit aisément que quand un mal attaque
une chose qui nous est aussi chère, il ne manque

pas de médecins, — les uns consciencieux, les autres charlatans, — qui se présentent pour lui opposer un remède. C'est ce qui est arrivé. Que n'a-t-on pas dit et essayé contre l'oïdium? Je ne parlerai ici que du soufre, qui, de tous les moyens expérimentés, est à peu près le seul resté en usage. Je n'en dirai ni bien ni mal; je ferai seulement remarquer une chose : c'est que quand il eut le plus de vogue, en 1858, beaucoup de propriétaires en firent usage, comme aussi beaucoup d'autres s'en abstinrent; les uns et les autres eurent beaucoup de vin, tout le monde se le rappelle exactement. Donc, cette année-là, ce n'est pas précisément le soufre qui avait ramené l'abondance. Cependant, depuis cette époque, son emploi est généralement répandu, et les propriétaires y ont une grande confiance. Mais quelle dépense et quel temps précieux il faut lui consacrer pendant tout l'été, et cela chaque année; ce qui prouve que si l'on peut admettre que le raisin est préservé, le pied reste aussi malade après qu'avant.

Selon moi, les soufreurs ressemblent un peu à un médecin qui, ne s'occupant que de l'effet des maladies, ordonne des remèdes pour tâcher d'en guérir, sans faire la moindre attention aux principes hygiéniques qui pourraient éloigner le mal bien souvent et, presque toujours, préserver ses malades d'une rechute.

Celui qui découvrirait un médicament au moyen

duquel on se débarrasserait d'une atteinte de cho-
léra, comme on se débarrasse d'une épine à l'aide
d'une épingle, celui-là serait un bienfaiteur de
l'humanité, personne n'en doute. Il ferait fortune,
et on lui rendrait tous les honneurs, comme autrefois nos pères divinisaient leurs grands hommes. Eh bien! en attendant, et sans bruit, le plus
souvent même sans avantages personnels, ne ren-
dent-ils pas de grands services à la société ceux
qui s'occupent d'hygiène publique; ceux qui dé-
crètent le percement et l'élargissement des rues
et des égouts; ceux qui canalisent un terrain marécageux; ceux qui cherchent à éclairer les con-
sommateurs sur les qualités plus ou moins saines
et nutritives de certains comestibles; enfin le
médecin qui compose un petit livre à la portée de
tout le monde, sous le nom modeste d'hygiène
domestique? Oui, évidemment, ils rendent ser-
vice; car si leurs travaux ne produisent pas un
effet subtil et miraculeux, on peut au moins constater qu'aujourd'hui les épidémies qui surgissent
de temps en temps sont moins terribles qu'autrefois, et que le nombre de victimes qu'elles entraî-
nent toujours avec elles va diminuant de plus en
plus.

De même, en attendant qu'on trouve quelque
chose de plus énergique que le soufre pour détruire complètement l'oïdium, occupons-nous —
pas précisément de l'oïdium lui-même — mais de
la vigne et des causes qui ont pu avoir assez

d'influence sur son organisme pour la rendre sujette à contracter une maladie si préjudiciable. Si
nous sommes assez heureux pour découvrir ces
causes, faisons-les disparaître le plus que nous
pourrons, en appliquant à la vigne de bons principes hygiéniques, et nous pourrons dire, nous
aussi, que nous aurons été quelque peu utile :
premièrement à nous, si nous sommes propriétaire, et ensuite à nos voisins, qui ne manqueront
pas de suivre notre exemple, quand ils compren-
dront enfin que, pour la vigne comme pour toute
autre chose, il vaut mieux arriver une bonne fois,
quoique tard, par le chemin qui paraît le plus
long, que de s'embourber indéfiniment dans celui
qui paraît le plus court.

Quand je dis occupons-nous de la constitution
de la vigne, pour tâcher de découvrir les causes
qui ont pu l'affecter dans son organisme intime,
je n'ignore pas du tout que beaucoup de savants s'en sont déjà occupés. Arrivant après
eux, je ne viens point parler de la disposition
des terrains, du choix des cépages, des diver-
ses méthodes de taille et d'échaladage, etc.;
je ne veux pas faire ce qui pourrait paraître un
traité complet de viticulture. J'ai pour but
seulement d'offrir à la société le fruit de quelques expériences que j'ai faites : expériences
bien minimes, il est vrai, mais qui, néanmoins,
m'ont mis à même de remarquer des faits qui me
paraissent très rationnels, et que je donne moins

pour sûrs que comme sujets à étudier sur une échelle plus grande que celle sur laquelle j'ai pu le faire moi-même. Si les choses que je vais dire ne sont pas utiles et applicables autant que je le désirerais, elles me laisseront au moins la consolation de les avoir dites avec la meilleure des bonnes volontés.

Je ne suis pas entièrement sûr que personne jusqu'ici n'ait traité de ces matières au même point de vue que moi. Je ne sais à cet égard qu'une chose : c'est que, dans les auteurs que j'ai feuilletés à cet effet, je n'ai rien vu de semblable. Cependant, comme leur nombre est relativement très petit, il ne serait pas impossible que, malgré mes précautions, quelques parcelles du bien d'autrui ne parvinssent à se faufiler sous mes doigts. Il reste bien entendu que si le cas se présente, j'en fais à l'avance et à qui de droit complète amende honorable.

CAUSES

D'AFFAIBLISSEMENT DE LA VIGNE

Des herbes et fourrages comme engrais.

Les fourrages, semés comme engrais, sont une ex-
cellente chose pour les céréales, moins peut-être par
les détritus qu'ils ramènent dans le sol que parce
qu'ils rafraîchissent la terre par la quantité d'eau de
végétation qu'ils contiennent. On s'est mis, dans ces
derniers temps, à en semer dans les vignes comme
dans les terres labourables, en se disant, sans doute :
Puisque cela venir du blé et des pommes de terre,
aussi bien cela fera venir du vin. On n'a pas réfléchi
que ce n'était pas tout à fait la même chose; on n'a
pas fait attention que chez les céréales, qui ne sont
que des plantes annuelles, le pied, qui meurt et se
dessèche après avoir donné son fruit, peut être affecté
d'une manière ou d'une autre, mais ne peut avoir

d'influence en quoi que ce soit sur les récoltes sui-
vantes; qu'ainsi, on n'a pas du tout à s'occuper des
maladies qu'une nourriture trop aqueuse peut lui
donner, et qu'on a tout intérêt, au contraire, vu sa
courte existence, à lui procurer le développement le
plus rapide et la végétation la plus fougueuse; tandis
que, pour la vigne, qui est un arbuste à longue vie,
on doit agir tout différemment : la faire venir vite, si
l'on peut, et selon que le terrain le comporte, mais
toujours de manière à ce qu'elle puisse se constituer
sainement et fortement, puisqu'elle doit, pendant plusieurs années, donner du fruit et résister aux intempéries des saisons.

Cependant, et quoi qu'il en soit, les vignes fourra-
gées semblent prendre de la vigueur; elles poussent
de plus gros et de plus longs sarments et souffrent
moins de la sécheresse. Mais donnent-elles plus de
vin? C'est assez douteux. Et ce vin n'est-il pas de
moindre qualité? C'est très vraisemblable; car ici ce
que l'on prend pour de la santé n'est, le plus souvent,
que de la mollesse, du lymphatisme, si l'on veut. Les
fourrages sont pour la vigne, dans un terrain maigre,
ce que serait, pour un homme malingre, une nourriture entièrement composée de joutes et de laitues :
ce qu'il y a de moins nutritif et de plus débilitant là
où il faut une bonne nourriture et des toniques.

Que l'on ne me prenne pas pour un systématique,
ennemi absolu de cet engrais, comme d'autres sont
quand même amis du soufre; mais qu'on veuille bien
me suivre un peu et on se convaincra, je l'espère, que
si, au premier abord, j'ai l'air d'exagérer, je n'en dis
pas moins des choses qui peuvent avoir une certaine
valeur.

Quelles sont les vignes qui gèlent le plus facilement?
Ce sont celles qui sont plantées dans des terrains bas
et humides, où chacun a pu remarquer que les herbes
naturelles poussent toujours en abondance.

Quelles sont les vignes qui sont le plus sujettes au
coulage? Ce sont celles qui, sous l'aspect d'une belle
végétation, poussent beaucoup de bois et de feuilles,
mais ne mûrissent pas toujours bien leurs sarments :
preuve évidente d'une vigueur qui n'est qu'apparente
et nullement naturelle.

Et ces vignes-là, où les remarque-t-on le plus? Dans
les terrains bas et humides, où il vient beaucoup
d'herbes.

Maintenant, l'oïdium, où fait-il le plus de ravages?
Pour cette question comme pour les autres, il faut
encore répondre : Dans les terrains bas et humides.

Ici, on peut dire que la gelée, le coulage et l'oïdium
attaquent et font partout des dégâts. Oui, mais à la
manière de certaines maladies qui, dans les grands
centres, où, si bien qu'on fasse, il y a toujours quelques recoins infects, déciment la population; tandis
que dans les communes rurales, où l'on respire un air
pur et vivifié par une lumière dont rien n'obscurcit
les rayons, on ne remarquera souvent qu'un cas sur
mille individus.

Il y a néanmoins un autre genre de terrains que la
gelée a de tout temps beaucoup maltraités, et où
l'oïdium a aussi sévi avec force : ce sont les sables
faibles et superficiels. Là, ce n'est pas pour cause
d'être bas et humides, mais par manque de nourriture, que les ceps, pauvres des sucs qui leur sont nécessaires, n'y ont pas la force de résister à ces agents
destructeurs.

Nous venons de voir qu'il n'est pas indispensable qu'une vigne soit plantée dans un endroit bas et humide pour éprouver l'effet de ces fléaux, mais seulement qu'elle soit faible. Alors, ne pouvons-nous pas supposer que l'humidité n'en est pas la cause directe, mais indirecte : soit que le plus d'eau qu'absorbent les racines dans ces circonstances nuise directement, soit que cette absorption ne se fasse qu'en lieu et place de sucs plus nutritifs. Et ici il me vient une idée : si l'humidité était la cause directe de la gelée, tous les ceps qui sont dans un même vignoble devraient geler également, tandis qu'on en voit toujours quelques-uns qui, parmi leurs voisins, ressemblent à ces rares brins d'herbe, au milieu de la prairie, encore debout et fleuris le lendemain de la fauchaison, et qui ont l'air d'être là, frais plantés, transportés d'un autre endroit. Par contre, si dans une vigne encore plus maltraitée, on trouve des pieds qui ont fait exception, on en voit aussi qui gèlent dans des endroits où ils y étaient le moins exposés sous toutes les apparences.

Que conclure de ces faits, sinon que si un pied de vigne gèle, ce n'est pas précisément parce qu'il est dans un endroit plutôt que dans un autre, mais parce qu'il est faible, et que, s'il n'en était pas ainsi, le fléau agirait collectivement et non individuellement?

Puis-je faire une comparaison : six personnes mangent un potage; quelque temps après, une indigestion se déclare chez trois de ces personnes : est-ce le potage qui en est la cause? Oui, dans un sens, mais non, dans une autre. Il est vrai que si ces personnes ne l'avaient pas mangé, trois d'entre elles n'en eussent pas été dérangées; mais ce qui n'est pas moins vrai aussi, c'est que si ce potage eût été exceptionnellement mauvais, s'il eût contenu un vomitif, par exemple, toutes eussent été également malades. Donc, ce potage n'est ici que la cause indirecte, la véritable cause étant que trois estomacs étaient trop faibles pour le bien digérer. Il en est incontestablement de même pour la vigne . si quelques ceps résistent aux intempéries là où d'autres ne peuvent pas les supporter, c'est la preuve que les uns sont plus forts que les autres.

Ceci étant bien vrai et bien compris, la logique commande deux choses :

Chercher les principes qui peuvent le mieux donner aux ceps une constitution forte, et les appliquer si on les trouve ;

Et — ce qui est presque la même chose — chercher et appliquer aussi ce qui peut empêcher leur force de dégénérer en faiblesse.

J'ai dit plus haut, dans mon introduction, que je ne pensais pas m'occuper de la plantation, des cépages et de la taille. D'ailleurs, pour ces choses-là, chaque localité a des usages dont elle est restée plus ou moins amoureuse, malgré les nombreux ouvrages qui ont traité de la matière et les savants qui ont cherché à faire prévaloir des systèmes.

Je vais donc passer outre et aborder ce que je veux dire en sous-entendant que toutes les vignes sont plantées dans de bonnes conditions, admirablement cépagées, taillées et soignées le mieux possible, selon la mode de l'endroit où elles sont.

Je reviens à l'influence bonne ou mauvaise que peuvent avoir les fourrages comme engrais.

Nous savons que la gelée, le coulage et l'oïdium font plus de mal dans les terrains bas et humides que partout ailleurs.

Nous savons que, dans ces terrains, l'herbe pousse en abondance et qu'on l'y enfouit le mieux qu'on peut toutes les fois qu'on bêche.

Nous savons que la vigne ne gèle, ne coule ou n'a l'oïdium, dans ces terrains plutôt que dans d'autres, que parce que, dans ces endroits, elle est plus sujette à être faible.

Nous savons que cette faiblesse lui vient, au moins en partie, de ce que ses racines absorbent plus d'eau qu'il n'en faut à son tempérament.

Enfin, nous savons aussi que les herbes vertes, naturelles, comme les fourrages, qu'on sème pour engrais, contiennent une quantité très grande d'eau de végétation au moment où on les enfouit sous le sol.

Eh bien ! puisque nous savons toutes ces choses, avons-nous donc entendu dire qu'il faille mettre du bois dans la cheminée pour éteindre le feu, et de l'eau dans la bouche d'un noyé pour le rappeler à la vie ? Non ; mais — ce qui est presque la même chose — nous voyons chaque jour donner à la vigne qui souffre de l'humidité une nourriture qui ne contient presque que de l'eau.

Allons donc ! ne bêchons plus nos vignes de bas fonds aussi profondément, car l'eau étant dessous, les racines sont superficielles ; et si nous en coupons quelques-unes, nous affaiblirons d'autant les ceps qui en subiront l'épreuve. Mais raclons le sol à la légère et n'y semons point de fourrages ; au contraire, secouons-en bien toute l'herbe naturelle, qui séchera sur place, et que nous mettrons en tas quand nous le pourrons pour faire un genre de terreau qui, épandu plus tard, sera un engrais bien autrement sain qu'enfoui à l'état de verdure.

Je ne pense pas que, pour ainsi faire, la main-d'œuvre coûte plus cher; car si, d'un côté, il fallait faire intervenir des femmes avec des râteaux, de l'autre, les hommes qu'on y emploierait feraient au moins le double de travail de ce qu'ils font actuellement.

De la lumière et de l'ombre.

Les herbes et les fourrages ne fournissent pas seulement une grande quantité d'eau; ils empêchent aussi la lumière de pénétrer jusqu'au sol; et l'on sait que là où cet agent puissant n'arrive pas, sinon que peu ou indirectement, tout languit : les êtres animés pâlissent et s'étiolent, et les plantes, en particulier, se moisissent bientôt et pourrissent ensuite; car la lumière est la matière impondérable et vivifiante, le moteur universel. Le calorique, qui lui semble inhérent dans sa nature, est la conséquence de sa pression et de sa combinaison chimique avec les corps qu'elle rencontre, qu'elle électrise et anime partout sur son passage.

Il n'y a pas de lumière sans dégagement de calorique, comme il n'y a pas production d'électricité sans dégagement de fluide magnétique; et, de même que les corps peuvent conserver pendant un certain laps de temps du fluide magnétique après le passage de l'électricité, le calorique peut se conserver un peu après le passage de la lumière; de même aussi, qu'avec de forts aimants, on obtient un peu d'électricité,

2

on peut produire un peu de lumière avec beaucoup de calorique : le feu de nos cheminées et la flamme de nos bougies en sont un exemple.

Avec notre lumière et notre calorique artificiels, nous pouvons conserver certaines plantes dans nos serres pendant l'hiver; mais Dieu sait dans quel état on les retrouve au printemps. Ce n'est pourtant pas la chaleur qui leur a manqué, puisqu'on a pu leur en donner à volonté, mais seulement la chaleur naturelle, que la lumière des rayons du soleil peut seule donner.

Consultons les jardiniers ; tous sont d'accord pour dire que le plus qu'ils perdent, ce n'est pas dans les hivers d'un froid excessif, mais bien dans les hivers pluvieux. — Pourquoi? Est-ce que, dans ce cas, les plantes ont plus d'eau que d'habitude? Non, cela est impossible, parce qu'ils peuvent arroser à volonté, et qu'en pareille matière, ils s'y connaissent mieux que personne. La seule raison en est que, quand le temps est presque toujours couvert, le soleil n'éclaire pas assez la serre, et que les rayons caloriques d'un chauffage artificiel n'ont pas la puissance voulue pour électriser, mettre en mouvement et transformer en bonne séve les divers atomes d'eau et de sels nécessaires à la nutrition des petits végétaux qui y sont enfermés; puis, ce qu'il y a de pis, c'est que ces atomes d'eau et de sels, qui ne sont pas moins pourvus d'une certaine dose de calorique et d'électricité, ne restent pas tout à fait inertes; ils entrent en fermentation et produisent de la moisissure et, quelquefois même, des champignons très apparents. Quand les choses en arrivent à ce point, les jardiniers se plaignent que les plantes pourrissent.

Si je résume ce qui précède, je peux dire que le calorique, ou chaleur artificielle, peut préserver du froid et de la gelée, mais qu'il est impuissant à maintenir les êtres animés dans un état de parfaite santé, vu son impuissance à provoquer une bonne nutrition et une végétation saine et robuste.

Il n'y a pas seulement la chaleur artificielle que nous obtenons avec nos cheminées et nos calorifères, il y a aussi la chaleur artificielle qui peut se produire en toutes saisons par certains états météorologiques de la terre et de l'atmosphère. Quand nous nous plaignons, par exemple, que le temps est lourd et orageux, nous avons affaire à ce genre de chaleur, qui est très nuisible, et ne peut se maintenir longtemps sans fatiguer les êtres animés. En un mot, il y a chaleur artificielle partout où il y a relativement plus de calorique que de lumière : soit, par les temps orageux et couverts, dans les serres chaudes, à l'ombre des arbres, sous les herbes vertes, qui empêchent l'air et la lumière de pénétrer librement sur le sol, comme dans les endroits où l'on a enfoui des herbes et fourrages en grande quantité, et où s'établit toujours une fermentation qui commence par produire de la moisissure, pour donner ensuite des champignons si le temps devient pluvieux.

Je viens de m'avancer sur un terrain scientifique qui m'est peu familier ; mais cela m'a paru indispensable pour attirer le plus possible l'attention des propriétaires, des savants et de tout le monde sur le rôle de l'ombre dans la nature, et de l'inertie de l'eau et des sels végétatifs qui restent trop longtemps exposés à son influence. J'ai voulu en venir à un bon adage, que je traduis ici selon ma pensée :

La lumière, c'est la santé et la vie; l'ombre, c'est la maladie et la mort.

De la moisissure et des champignons.

Nous avons vu que, dans un hiver pluvieux, quand le soleil n'éclaire que rarement l'intérieur d'une serre, les plantes y pourrissent en se couvrant de moisissure et de champignons. Nous voyons la même chose se produire au pied et sur le tronc des arbres. Mais où nous trouvons beaucoup de champignons, c'est dans les bois, où pourrissent continuellement, à la lueur d'une lumière très indirecte et toujours pâle, une quantité de petits buissons, de plantes en herbes et de détritus végétaux de toutes sortes.

Il y a le champignon des prés ou de couche, que tout le monde connaît, et qui est délicieux à manger. Je vais m'étendre sur son compte, préférablement, parce que, comme je l'ai vu pousser dans plusieurs circonstances, je crois qu'il serait très facile de l'obtenir à volonté; et que, tout en cherchant de bonnes preuves à l'étude que je fais, je pourrais aussi faire plaisir à certaines personnes, auxquelles l'idée pourrait venir de faire des essais sur sa culture en pleine terre; ce qui serait plus avantageux que sur couche chaude.

En naissant, ce champignon, qui est blanc, vu de quatre ou cinq pas, a l'apparence d'un œuf de poule enfoncé dans la terre jusqu'aux deux tiers par son gros bout. Il a le dessous feuilleté et d'un rose tendre ; mais ses couleurs brunissent à mesure qu'il se développe, et il finit par devenir tout à fait noir dessus et dessous. Alors il n'est plus mangeable, non pas, je pense, parce qu'il serait devenu vénéneux, mais parce que, arrivé à cet état, il est presque toujours dévoré intérieurement par les vers.

On le trouve partout ; mais où il vient le plus communément, c'est dans les prés de deux, trois ou quatre ans, faits dans une terre sablonneuse, pas humide précisément, mais située sur le bord de certains fossés sujets à déborder l'hiver. Pilée et rendue un peu grasse par les eaux, cette terre peut faire croûte et fendre un peu l'été ; il y vient beaucoup d'herbes naturelles, et en particulier celles qui sont vivaces et traçantes, de la famille du chiendent.

En fermant les sillons pour faire la prairie, on en met beaucoup sous terre. Si l'on a fait cette opération à l'automne, et qu'au printemps, quand les eaux de l'hiver ont remassé le guéret, on ait occasion de pratiquer des rigoles, on rencontre avec la bêche des poignées de ces herbes, dont les brins ont conservé leur forme, mais sont devenus blanchâtres ; si peu qu'on en remue, on peut constater qu'elles ont contracté une forte odeur de moisissure.

Le champignon dont je parle y apparaît l'automne suivant, plus ou moins tôt, selon l'arrivée des pluies, pour reparaître ainsi à la même époque pendant plusieurs années, sans doute aussi longtemps qu'il restera sous le sol des parcelles de ces herbes moisies. Il ne vient pas seulement dans les prés où, même sans les circonstances précises que j'ai citées, les débris d'herbes vivaces et traçantes de toutes sortes ne manquent pas ; il vient partout où ces dites herbes peuvent être mises en tas : sur le bord des chemins et des fossés, sous les arbres et sous les haies. Une condition seule lui est indispensable, c'est d'avoir un peu d'ombre.

Il n'entre pas dans mon programme de faire des recherches, d'ailleurs très inutiles ici, pour savoir si les champignons, ces semblants de végétaux, portent graine comme les plantes ordinaires ; je veux faire remarquer et saisir fortement que, d'après ce que je viens d'en dire, sous le rapport vulgaire, où les plus simples comme les plus savants peuvent les voir, ces cryptogames doivent être considérés comme étant la gangrène des principes végétaux, et qu'ils se produisent partout sous l'influence d'une chaleur artificielle, de n'importe quel genre, non seulement sur les plantes déjà visiblement malades et sur les détritus de toutes sortes qui sont enfouis sous le sol ou disséminés à sa surface, mais même sur des sujets sains sous toutes les apparences.

Je sens le besoin de m'étendre un peu sur cette dernière phrase pour me rendre compréhensible. J'ai dit *sur des sujets sains sous toutes les apparences*, parce que je n'admets pas plus pour une plante que je ne l'admettrais pour un homme le cas d'une maladie qui se déclarerait tout à coup, sans aucune prédisposition ou sans circonstances plus ou moins récentes et nombreuses qui auraient pu altérer son organisme. J'admets seulement qu'il se trouve des individus assez fortement constitués pour résister et vivre longtemps sous un semblant de santé, quoique affectés intérieurement de certains cas morbides peu supportables au plus grand nombre.

Du reste, il est une chose incontestable, un principe qu'on doit admettre quand même : c'est qu'un sujet dont les organes sont parfaitement développés, selon sa nature, et parfaitement sains sous tous les rapports, non seulement se porte bien — ce qu'il est très naïf de dire — mais même ne peut contracter maladie sans qu'au préalable il n'y ait trouble et perturbation dans une ou plusieurs de ses parties constitutives essentielles.

De la gelée d'automne.

Quel est celui qui, possédant la moindre petite propriété, n'a pas remarqué, au printemps, des arbres partiellement ou totalement morts, arbres qui étaient très vigoureux l'année précédente, et sur lesquels on aperçoit souvent encore la place que de nombreux fruits y ont occupée? A quoi doit-on cette mort? Tout le monde ne s'en doute pas : on la doit à la première gelée. — Mais les arbres ne gèlent, l'hiver, que par un froid très rigoureux, comme, par exemple, celui de 1830? — Pardon, je ne parle pas de la neige et de la glace à vingt centimètres d'épaisseur, non plus que du terrible vent du nord qui nous les a procurées, mais bien de la première gelée, de ce tout petit froid, bien doux pour un froid, qui nous arrive un beau matin et fait tomber les feuilles; il ne fait pas bien peur, on dit seulement de lui : L'hiver approche.

Eh bien! tout le monde a entendu parler des arbres qui fleurissent hors saison. Les gens de la campagne disent que c'est signe de mort dans la famille; moi, je dis que c'est presque toujours signe de mort pour l'arbre qui se trouve affecté de cette bizarrerie, parce que la première gelée est terrible pour ces fleurs et pour les pousses qui viennent immanquablement avec elles.

On va peut-être dire : Mais la vigne gèle bien au printemps et ne crève pas pour cela; on dirait qu'au contraire elle pousse plus vigoureusement? — Ne confondons pas deux saisons opposées : le printemps, chacun le sait, c'est le réveil de la nature; tout paraît inerte sur la surface de la terre, quand une force extraordinaire semble sortir de dessous le sol. Alors la sève pénètre et circule d'une manière prodigieuse dans le tronc des végétaux, arrive dans les branches, dont elle fait gonfler les bourgeons, qui s'allongent à vue d'œil en émettant des feuilles et des fleurs. Une gelée arrive et détruit ce premier ouvrage; c'est une digue en travers d'un torrent qui passera outre et poursuivra son cours. Là où l'on n'aperçoit rien surgiront bientôt de nouveaux bourgeons, moins nombreux que les premiers et presque toujours sans fruits; c'est le motif qui fait qu'une vigne gelée, n'ayant qu'à nourrir des feuilles et moins de bois, pousse plus vigoureusement qu'elle ne l'eût fait.

L'automne, c'est, dans nos climats, la mort apparente des végétaux qui arrive : la sève devient de moins en moins abondante, pour disparaître bientôt tout à fait, après avoir mûri les fruits, les feuilles, les bois et les bourgeons qui doivent pousser au printemps suivant. Pour ceux qui se trouvent dans cette condition naturelle, la gelée dont je parle n'est pas à craindre ; mais il y a beaucoup de cas où il n'en est malheureusement pas ainsi : par exemple, pour les arbres fleuris hors de saison.

Ces arbres ont souffert de la sécheresse, ou ont été épuisés par un nombre trop considérable de fruits — souvent l'un et l'autre — et ils ont perdu leurs feuilles. Quand fin août arrive, qui amène une pluie abondante et chaude, la séve se remet en mouvement comme en avril ; de là des bourgeons qui se trompent et poussent en septembre ; l'hiver arrive, succédant presque toujours assez brusquement à ce printemps artificiel, et ces jeunes pousses, surprises, sont gelées aussi facilement que le sont les bourgeons de la vigne par une fraîcheur tardive de mai.

La gelée du printemps est bien désagréable, car elle emporte le fruit, mais au moins elle ne détruit pas l'arbre ; celle d'automne, qui ne peut emporter le fruit, tue l'arbre en partie, quand par hasard elle ne le détruit pas complètement.

D'où vient la différence des suites de ces deux gelées ? C'est ce que je me suis efforcé de comprendre, et ce que je vais tâcher d'expliquer.

Le printemps, je l'ai déjà dit, c'est le réveil de la nature ; une force extraordinaire anime les végétaux. L'extrémité d'une plante se gèle : la séve qui se trouve dans cette partie est décomposée, et, par ce fait, n'ayant plus de principe vital, ne pourra se maintenir dans le lieu plus ou moins élevé qu'elle occupe ; elle cherchera donc à descendre, en repassant par les tubes qui lui ont donné déjà passage ; mais ces tubes sont occupés par de nouveaux atomes de cette séve, qui arrive toujours et si prodigieusement, qu'elle ne laissera pas plus de vide dans ces sentiers étroits que la vapeur n'en laisse derrière les pistons d'une locomotive.

Il y a plus, ces nouveaux atomes de séve, qui sont pleins de vie, s'accumuleront au point de démarcation du bois sain au bois gelé, et, par leur transformation, y auront bientôt établi une barrière imperméable au liquide mort et décomposé, qui n'est plus qu'un poison violent pour le reste de la plante.

L'automne, c'est tout différent. Si les végétaux ne sont pas toujours totalement privés de séve, cette séve du moins n'est que bien peu pourvue de force; et cette force, quand elle existe, doit être infailliblement détruite par le fait même de la première gelée.

Or, dans cette condition, supposons ce qui se passera dans une branche dont les bourgeons ont porté fleurs et feuilles au mois de septembre. La séve décomposée, ne trouvant aucun obstacle, descendra dans la branche, selon sa quantité et la nature de l'arbre; elle ne s'arrêtera même pas toujours au bois de l'année, mais ira jusque dans les gros bras de l'arbre, et souvent pénétrera jusqu'au tronc et aux racines. On peut être certain que tout ce qu'elle aura touché sera trouvé gravement malade, sinon tout à fait mort, au printemps suivant.

Un exemple bien remarquable de ce que je viens de dire se voit sur le figuier. Cet arbuste du Midi n'a pas encore pu s'habituer assez à nos climats, et se laisse souvent surprendre par l'hiver, le bout des branches chargé de figues tardives encore toutes vertes. Eh bien! un fait dont beaucoup de personnes ont pu se rendre compte consiste en ceci : que sur les sujets dépourvus de figues quand la gelée arrive, qu'elles soient parvenues à maturité ou qu'on les ait abattues, on ne trouve pas de bois mort au printemps, tandis que sur les autres on en trouve quelquefois au point que l'arbre ne peut repousser que sur le tronc.

Il est clair que, puisque c'est précisément ceux qui ont des figues sur les branches, à l'arrivée de l'hiver, qui ont du bois mort au printemps, ce n'est que parce que la sève qui était dans ces figues au moment de la première gelée, une fois décomposée, aura été absorbée par les branches et en aura empoisonné les parties plus ou moins longues qu'elle aura parcourues.

Que ceux qui ont des poiriers et des pommiers fleuris au mois de septembre fassent tomber avec soin ces fleurs, ainsi que les petites pousses et les feuilles qui ne manquent jamais d'y venir en même temps, et ils seront agréablement surpris, lorsqu'ils verront au printemps ces arbres, qu'ils avaient cru morts, pousser comme les autres et aussi vigoureusement que jamais.

En opérant ainsi au sujet des arbres fleuris en septembre, on fait une chose analogue à ce qu'on fait pour les figuiers qu'on débarrasse des figues tardives. Ce qui le prouve encore mieux que le raisonnement, c'est qu'on les empêche de geler, et c'est un bon résultat.

Ce dont je viens de m'occuper au sujet de ces divers arbres fruitiers est une source d'études très intéressantes à faire au sujet de la vigne, études sur lesquelles je ne m'avancerai néanmoins pas beaucoup, parce qu'elles comportent nécessairement des expériences qui sont tout à fait hors de ma portée. Je vais en attaquer le côté matériel seulement, et le montrer de manière à attirer le plus que je le pourrai l'attention de ceux qui peuvent y avoir intérêt.

S'il y a des figues qui ne mûrissent pas bien, s'il y a des poiriers, des pommiers ou autres arbres fruitiers qui fleurissent et poussent en septembre, il ne manque pas non plus de pieds de vigne, et surtout depuis la maladie, qui paraissent très vigoureux, qui ont assez bien mûri leurs raisins, mais qui, à l'entrée de l'hiver, n'ont pas encore bien mûri leurs sarments ; ce qui fait que quand on les taille, on y trouve beaucoup de bois mort, et qu'on est même quelquefois très embarrassé sur le choix des bois d'œuvre.

Ce desséchement des bois de la vigne provient aussi de la première gelée, et si l'on avait soin, un peu après vendange, de couper les parties encore en pleine végétation des branches de certains pieds, on l'éviterait parfaitement, car il en est ainsi que pour les arbres fruitiers : la sève gelée, décomposée et en putréfaction de ces parties supérieures, surprises encore vertes par le froid, peut descendre plus ou moins bas, jusque dans le tronc et dans les racines, ou peut-être ne faire que communiquer le virus de ses principes vénéneux aux tissus qui la contiennent, et qui communiqueront ensuite à leur tour, de proche en proche et indéfiniment à toute la plante, l'altération dont ils ont en premier lieu subi la conséquence.

Quoi qu'il en soit de ces deux données, pour moi surtout qui n'ai pas l'ambition de faire un traité de sciences exactes, il n'en résulte pas moins que le fait principal existe visible pour tout le monde.

Il faut admettre maintenant une chose, c'est qu'il y a des plantes qui sont très robustes, comparativement à bien d'autres, et qu'on peut, sans crainte de se tromper, placer la vigne dans cette catégorie. Il n'y a d'ailleurs, pour s'en bien rendre compte, qu'à remarquer qu'on la plante dans toute espèce de terrain, bon ou mauvais, qu'on la taille, qu'on la charge et qu'on la fume presque toujours selon les localités, et non selon la qualité du sol et le genre du cépage auquel on peut avoir affaire.

Ici arrive naturellement le cas de dire qu'il faut bien à la fin que le fort cède comme le faible; oui, mais lorsqu'il manque, ce n'est qu'après avoir soutenu un nombre considérable de luttes. Et ce n'est que ce gros tempérament et cette résistance prodigieuse à tant de choses, sous lesquelles d'autres n'auraient pu tenir un instant, qui font que le fort, devenu enfin faible et malade momentanément, est un sujet à dérouter complétement et médecine et médecins, car, en un mot, que faire, que dire, que deviner parmi tant de chutes et de coups reçus les uns sur les autres, ayant pu laisser chacun quelques germes d'altération qui ont couvé, mûri et fini par se déclarer un jour?

Quand je réfléchis sur la position actuelle de la vigne — puisque c'est d'elle que je m'occupe ici — je n'ai nulle peine à être tout à fait convaincu que c'est parce que l'oïdium est un effet à causes multiples, qu'on n'a pu trouver jusqu'ici un moyen radical et efficace pour s'opposer complétement à ses ravages.

MOYENS PRATIQUES

Manière d'arriver à la ruine d'un vignoble.

La vigne est donc un des arbrisseaux les plus
robustes sous le rapport du tempérament, et il est
facile de s'en rendre compte en réfléchissant tant soit
peu aux conditions vicieuses dans lesquelles on la
cultive la plupart du temps. Il est hors de doute que
le poirier ne pourrait pas résister à tant de vicissi-
tudes; n'aurait-on, pour s'en convaincre, que la gelée
d'automne, qui le tue presque toujours dans des cas
où la vigne peut encore, pendant plusieurs années,
pousser et charger de fruit sous une apparence assez
vigoureuse.

Mais si la vigne est robuste, si elle ne succombe par
conséquent pas aussi vite que les arbres fruitiers,
sous certaines influences morbides, ce n'est pas une
raison, comme je l'ai dit, pour qu'elle puisse toujours,
et quand même, se maintenir dans un bon état.

Cherchons un exemple. Supposons une vigne de huit ans qui n'a jamais été gelée, et sur laquelle le coulage et l'oïdium n'ont pas encore sévi ; la prenant dans un tel état, c'est penser et admettre aussi que les conséquences météorologiques de l'atmosphère lui ont été assez favorables jusqu'ici, en même temps que, d'un autre côté, le vigneron qui la soignait était un vigneron intelligent.

Néanmoins, arrivé à cette huitième année, le propriétaire trouve que cette vigne ne lui rapporte pas assez ; il a remarqué — il a vu ou cru voir, un peu par imagination — un vignoble plus beau que le sien, sous le rapport du fruit, bien entendu, car aux cépages, à la taille, au béchage, etc., il n'y comprend pas grand'chose. Mais c'est égal, selon lui, son vigneron ne bêche pas à propos, ne charge pas assez... charger, c'est le mot. Pauvre vigne, elle charge bien toujours selon ses forces, mais pas selon le goût insatiable de tout le monde, et c'est pour cela qu'on la charge tant.

Bref, notre propriétaire change de vigneron. Si nous regardons le nombre et la longueur des cous, des astes, des retours — des vaches et des veaux, comme on dit dans certains endroits — c'est à faire compassion. Le nouveau personnage est arrivé en orgueilleux chargeur de vigne : eh bien ! elle chargera, on remplira toutes les cuves, je vous en réponds.

Or, qu'arrivera-t-il ? Cette vigne avait jusqu'ici parfaitement bien mûri ses feuilles et ses bois, et donné son fruit sans qu'on y eût remarqué la moindre grappe échaudée ou grillée. Pour cette première année, sous l'influence de cette taille intempestive que lui a fait subir le nouveau vigneron, elle donnera des raisins

en plus grand nombre, c'est vrai, et on ne pourra
point dire qu'ils soient précisément grillés ou échaudés, mais on remarquera que néanmoins ils ne seront
pas aussi bien nourris que les années précédentes ; on
pourra remarquer aussi que plusieurs pieds, si ce n'est
tous, perdront leurs feuilles inférieures de bonne heure.

Plusieurs penseront, à ce signe visible et frappant
de fatigue, que le propriétaire va, dans ses intérêts,
revenir au premier système et reprendre, s'il le peut,
son premier vigneron. Qu'on se détrompe. On a ré-
colté un peu plus de vin, c'est tout : maître et servi-
teur seront contents d'eux, et leur victime sera encore, s'il est possible, chargée davantage. Seulement,
pour cette seconde année, les raisins seront si petits,
les grains en seront si menus et le rendement en jus
si peu abondant, qu'il faudra forcément reconnaître
que cette vigne est fortement altérée et affaiblie.

Ici, le cas se présente de la ramener à son état primitif ; la chose serait bien simple, puisqu'il ne s'agirait
que de revenir à la première taille. Mais il ne faut pas
s'attendre à ce que notre propriétaire s'y décide, car
une fois une idée en tête, bonne ou mauvaise, on veut
la suivre jusqu'au bout. Il ne voudrait point, pour tout
au monde, voir crever sa vigne ; mais il ne veut pas
non plus abandonner la perspective d'un rendement
plus avantageux.

Le vigneron, alors, parlera de fumer. Passe encore,
si c'était avec de bon fumier, bien consommé — quoique, selon moi, il puisse dans bien des cas être nuisible, ne serait-ce que pour la qualité du vin. — A cela
il n'y a point de danger. Le propriétaire trouvera, avec
raison, qu'il lui en coûterait trop. Que fera-t-on alors ?
On sèmera du fourrage.

Je vais tâcher de faire comprendre l'effet que produira ce fourrage. On le sèmera vers la fin de septembre, époque à laquelle on le sème à peu près partout en pareille circonstance; le temps doux et pluvieux de cette saison le fera pousser vigoureusement, à ce point que la terre en sera bientôt littéralement couverte. Comme on ne doit le couvrir, selon l'usage ordinaire, qu'au printemps suivant, au moment de la bêchaison, on en aura, à cet effet, choisi la semence dans les espèces les moins sujettes à craindre le froid. De sorte que, pendant une bonne partie de l'automne et pendant tout l'hiver, le sol sera entièrement privé des rayons bienfaisants du rare soleil de ces époques.

Qu'on pense maintenant que l'hiver est, dans nos climats, un temps de sommeil, de repos pour les plantes, un temps d'arrêt plus ou moins complet, mais toujours apparent, de la végétation. Or, nous savons que, dans une serre, les plantes meurent plus souvent d'humidité que de froid; nous devons penser, sans crainte de nous tromper, qu'il en est de même en plein air, avec la seule différence que si le fait est moins sensible d'un côté que l'autre, c'est parce que celles qui ont de l'air à volonté, et dont les racines s'étendent librement, ont plus de vigueur que celles qui sont plantées dans une caisse relativement très étroite et enfermées dans un endroit clos.

Si l'hiver est, comme je viens de le dire, un temps de sommeil et de repos pour les plantes, l'automne est le temps transitoire pendant lequel elles doivent employer ce qui leur reste de sève à bien mûrir leurs bois et leurs bourgeons. Cette maturité des bois et des bourgeons doit être parfaite juste au moment où le froid va arriver, ni plus tôt, ni plus tard. C'est la condition naturelle et indispensable pour qu'une plante, dont la vigueur n'a encore été altérée par aucun accident, puisse passer son temps de sommeil ou repos sans danger des intempéries.

Si cette maturité a lieu trop tôt, et qu'une pluie survienne, les bourgeons, à peine mûrs, se mettent à pousser avec fleurs et feuilles comme au printemps, ce qui est très dangereux à cause de la première gelée (cas des arbres fruitiers). Si elle a lieu trop tard (c'est-à-dire pas du tout, puisque par le froid il n'y a pas de maturité possible, mais seulement gelée de tout ce qui n'est pas mûr, bois et bourgeons), il y aura également danger, plus ou moins grand, selon l'état plus ou moins avancé des parties ainsi surprises (cas de la vigne et du figuier).

Si chez les arbres fruitiers qui sont trop chargés de fruits et qui souffrent de la sécheresse, une maturité prématurée a lieu, c'est toujours totalement, pour les bois comme pour les bourgeons, et on les voit, dans la plupart des cas, se débarrasser de leurs feuilles en même temps que de leurs fruits.

Chez la vigne, les choses ne se passent pas ainsi : les effets de l'épuisement et de la sécheresse ne se font sérieusement sentir que sur les parties inférieures. Là seulement les bourgeons mûrissent, et leurs feuilles tombantes laissent à nu les raisins, qui, dans ces circonstances, sont toujours assez maigrement constitués ; sur le haut des bois, la végétation, quoique presque nulle, se maintient sous une certaine apparence, et il ne faut rien moins qu'un temps pluvieux de fin août ou septembre pour qu'elle reprenne une vigueur qu'elle conservera ensuite jusqu'en novembre, époque ordinaire des premiers froids dans nos contrées.

Mais si pour une vigne fatiguée comme celle dont je parle, le seul fait de la pluie provoque déjà une reprise regrettable, inutile et nuisible de végétation dans un sol sous-entendu propre, c'est-à-dire sans fourrages ou herbes naturelles, le mal sera bien plus grand et plus pernicieux encore dans celui qu'on aura fourragé.

Dans le premier cas, le bout vert des branches, quoique exposé à la première gelée, aura pu pousser dans des conditions relativement très saines, l'air et la lumière pouvant pénétrer et circuler parfaitement bien au pied des ceps, et non seulement y absorber une très forte somme d'humidité, mais aussi empêcher tous débris végétaux de s'y moisir; tandis que, dans le second cas, la terre, couverte par le fourrage, n'aura pas une goutte d'eau de pluie distraite du sol et évaporée, mais, au contraire, une quantité notable d'eau de rosée qui s'y concentrera en plus chaque matin. Il n'y aura pas non plus vivification et assainissement des principes nutritifs végétaux par la libre circulation de l'air et de la lumière; il y aura fermentation et pourriture d'une couche de feuilles mortes dont le fourrage et la vigne se seront débarrassés.

Dans le premier cas, la gelée d'automne peut ne pas faire beaucoup de mal, puisque la végétation a pu se faire, comme je l'ai dit, dans des conditions assez favorables; mais, dans le second, elle en fait toujours beaucoup, car alors la vigne absorbe une si grande quantité d'eau, proportionnellement à ce qui lui est nécessaire, qu'elle en est comme noyée.

Il faut, de plus, noter que cette eau de végétation

ou sève, ainsi absorbée en excès et par accident, c'est-à-dire intempestivement, n'est pas seulement trop aqueuse et peu nutritive, mais même très malsaine, puisque, avant de passer dans la plante, elle a croupi à l'ombre et au contact des débris végétaux en état de fermentation putride.

Maintenant, revenons à notre vigne de huit ans, c'est-à-dire de dix, puisque voilà deux années que nous lui donnons nos soins. Elle était très vigoureuse, selon le sol où elle était plantée, et elle chargeait d'après sa force; mais nous avons voulu qu'elle chargeât excessivement, et à cette fin nous l'avons taillée un peu follement. Elle a obéi, mais elle s'est affaiblie, et sa santé s'est altérée. C'est pour lui faire reprendre son état primitif que, pour sumure, nous lui avons prodigué le fourrage. Elle se trouve, en ce moment, dans une condition en tous points analogue au second et dernier cas dont je viens de développer les principes.

Supposons un homme de peine qui arrive un soir chez lui accablé de fatigue, non pas qu'il soit malade, mais parce que, dans la journée, il a fait un ouvrage exténuant, et auquel il n'est pas habitué. Qu'en arrivant chez lui cet homme soupe, qu'il ne mange, s'il veut, ou s'il ne peut faire autrement, qu'un morceau de pain; qu'il ne boive que de l'eau, pourvu qu'elle soit fraîche, et qu'il se couche ensuite dans son lit, à l'abri du froid, de l'humidité et de toute émanation méphitique, il pourra se lever le lendemain matin, non entièrement délassé peut-être, mais assez néanmoins pour pouvoir reprendre ses occupations ordinaires.

Si cet homme avait agi tout différemment; que

pour se désaltérer mieux, il se fût repu de salade
et n'eût bu que de la piquette moisie ou toute
autre boisson corrompue; qu'ensuite, pour dormir,
il se fût couché sous un arbre au bord d'un fossé
marécageux, faudrait-il s'étonner de le voir, dans ce
cas, faire une maladie, et mourir peut-être?

Eh bien! quand nous avons un pied de vigne dont
les feuilles inférieures tombent de bonne heure et
dont les raisins sont maigrement constitués, c'est un
pied fatigué, soit par la charge, la sécheresse, le bris
d'une racine, le fait d'un insecte rongeur ou toute
autre cause; et quand nous en apercevons, c'est toujours à l'automne, dans la saison transitoire, où la
plante, tout en donnant son fruit, se prépare à son
temps de repos.

Si alors le temps est pluvieux, nous ne pouvons
point empêcher absolument ses racines altérées d'absorber de l'eau; mais si nous le débarrassons des
mauvaises herbes, nous l'empêcherons d'en absorber
autant, et nous le placerons dans une condition relativement très saine.

Si, malgré cela, ses bois repoussaient, nous n'aurions qu'à en retrancher le vert, à l'arrivée du froid,
pour qu'il pût sans danger passer l'hiver.

Ce pied de vigne, soigné de cette manière, se trouve
dans un état similaire à celui de l'homme fatigué qui
n'a mangé et bu que des choses très saines et en petite quantité, et qui s'est couché ensuite dans de
bonnes conditions hygiéniques.

De même que cet homme, qui a pu le lendemain se
lever et se remettre à son travail habituel, ce pied de
vigne pourra, au printemps suivant, repousser avec
force et mener son fruit sans inconvénient regrettable.

Pour se bien convaincre de ce que je viens de dire, il faut consulter les traités d'hygiène; on y verra partout qu'alors qu'il faut s'entourer de précautions, c'est quand on veut se livrer au repos et au sommeil. La santé a des ennemis qui pistent à toutes les portes, et l'exercice du corps et de l'esprit est un des meilleurs moyens pour les empêcher d'entrer.

Or, on conçoit facilement à quoi peut exposer une imprudence lorsqu'on se dispose à se placer dans un état où la faculté du mouvement et de la pensée est totalement engourdie.

Mais puisque le sujet de notre entretien est une plante, ne prenons pas si haut nos exemples. Consultons simplement les livres de jardinage; nous y trouverons qu'on ne dépote, c'est-à-dire qu'on ne change de terre, qu'on ne fume que quand la végétation va se réveiller; nous y verrons en outre que, pour une foule de petits arbustes, plus ou moins précieux, il ne faut plus arroser dès que la fleur est passée, si ce n'est pour les empêcher de se dessécher entièrement.

Quoique ceci ne paraisse dit que pour des sujets excessivement délicats, et dont la plupart sont originaires de pays étrangers, où la température est différente de la nôtre, il est hors de doute qu'il y a tout à gagner à le mettre à profit, d'une manière moins rigoureuse seulement, pour des plantes rurales, bien autrement utiles, et en particulier pour la vigne, surtout quand elle est altérée et affaiblie, parce qu'alors elle se trouve placée momentanément, comme tout ce qui n'est pas dans un état normal, dans des conditions plus délicates et offrant moins de résistance au danger.

Il ressort clairement de ce qui précède que le moment le plus critique pour la santé des végétaux, comme pour celle des hommes, est celui du sommeil ou repos, surtout quand ce sommeil ou repos doit succéder à une fatigue qui n'est pas ordinaire, et que les facultés physiques et morales chez les hommes, ou physiques seulement chez les plantes, n'ont plus leur énergie habituelle.

Après le travail et la fatigue, le repos; c'est la loi naturelle, incontestable et sans exceptions. Or, ce repos inévitable que doit prendre une plante après avoir donné son fruit doit être le plus immédiat possible; et tout ce qu'on pourra faire pour l'accélérer produira un bon effet : soit en l'empêchant de s'altérer davantage par une végétation dès lors inutile et presque toujours la pâture du froid, soit en lui fournissant l'occasion de pouvoir se reposer plus longtemps. C'est ce principe, d'ailleurs connu, que les jardiniers mettent en pratique, quand ils ne fument pas et n'arrosent plus autant certains arbustes qui ont passé fleurs.

Donc, il est hors de doute que, quand nous avons fourragé notre vigne au mois de septembre, nous avons agi tout à l'opposé de ce que nous aurions dû faire, par rapport au but que nous voulions atteindre. Elle n'était pas seulement fatiguée, mais exténuée; nous aurions dû la provoquer au repos, si c'eût été possible, et nous l'avons excitée au travail; nous avons maintenu chez elle un état de végétation inutile; non seulement nous lui avons laissé toute l'humidité du sol, mais nous lui avons procuré une quantité considérable d'eau de rosée, en même temps que nous lui avons fait un lit de détritus végétaux en état de fermentation putride.

Cet état inutile de végétation l'expose aux effets pernicieux des premiers froids, en même temps qu'il favorise l'infiltration d'une séve trop aqueuse, débilitante et malsaine au plus haut degré, dans toutes les parties de son organisme. En un mot, en fourrageant cette vigne, nous l'avons placée dans un état assez comparable à celui de l'homme de peine fatigué, qui n'a mangé et bu que de mauvaises choses, et s'est ensuite endormi dans l'endroit le moins propice sous le rapport des principes connus d'hygiène.

Quoi qu'il en soit, le sort en est jeté, il ne nous reste plus qu'à courir la chance de l'arrivée des premiers froids, par un temps sec ou pluvieux. Si, durant le mois d'octobre et jusqu'à ce qu'il gèle, il fait soleil et vent du nord, le mal sera grandement atténué, car la terre et les bois pourront être notablement desséchés, et de nombreux bourgeons pourront mûrir.

Mais si la pluie et le temps doux durent jusqu'à la veille d'une gelée sensiblement forte, toute cette végétation, pâle et d'ailleurs très molle, sera arrêtée et détruite; puis une quantité de séve, déjà peu saine, entrera en putréfaction et sera absorbée par le reste de la plante, dont les bois se couvriront de taches noires et se pourriront aux parties supérieures.

Cependant, le mal ne sera pas aussi grand qu'on pourrait le croire au premier abord, puisque la vigne est un des végétaux les plus vigoureux que l'on connaisse, et qu'en particulier, celle du vignoble dont nous nous occupons a été très forte pendant ses huit premières années et est, dans ce moment-ci encore, très saine de tempérament, quoique affaiblie par une charge extravagante. Il faut donc s'attendre à ce qu'elle résiste assez, malgré la fausse route dans laquelle elle se trouve.

Nous supposons alors que, pour cette année, il n'y aura de gelé et il ne se pourrira du bout des branches que tout à fait le plus vert; ce sera si peu de chose, que le fait passera immanquablement inaperçu par le vigneron. Mais si, au moment de la taille, il ne trouve pas de bois d'œuvre morts et desséchés, il en verra qui seront devenus presque noirs; il ne se rendra pas compte que cette noirceur est un commencement de décomposition du bois, dans lequel s'est infiltrée une humidité putride provenant, en partie, de la séve gelée du bout des branches, et, en partie, du sol, rendu malsain par le fourrage.

Malgré cela — et ce qui n'empêchera pas peu de saisir au premier abord les suites fâcheuses de ces choses — au printemps prochain, cette vigne poussera sous une apparence aussi belle que jamais; seulement, sa vigueur ne sera qu'une vigueur molle, assez comparable à celle de certains individus à belle corpulence, mais affectés de ce que la médecine est convenue d'appeler lymphatisme.

Si une gelée tardive d'avril ou mai survient, elle craindra davantage qu'elle n'eût fait jusqu'ici; et d'ailleurs si, comme tout ce qui est altéré ou affaibli, elle redoute plus le froid, elle obéira aussi plus facilement à la chaleur et aux impulsions du printemps, et elle poussera plus tôt, ce qui contribuera encore à l'exposer davantage. Ensuite, comme elle jettera des bois plus gros et plus moelleux, qu'elle aura aussi de plus larges feuilles, elle coulera si, à l'époque de la fleur, le ciel reste tant soit peu couvert.

Le fait de la gelée du printemps ou du coulage n'est

que conditionnel, tout dépendant, sous ce rapport, de la température, et nous pouvons avoir la chance de ne pas les subir. Il n'en sera malheureusement pas de même de l'oïdium ; tout ce noir que nous remarquons sur les bois d'œuvre n'en est peut-être pas le germe, mais au moins l'avant-coureur. Ce fléau fera donc son apparition dans notre vignoble, où il pourra faire de grands ravages, même dès la première année, s'il est favorisé par un état pluvieux.

Si nous faisons un instant abstraction de la présence de l'oïdium comme épidémie, il n'en reste pas moins visiblement vrai que cette vigne sera désormais, non seulement faible, mais altérée profondément dans la constitution intime de ses tissus, et que ses organes n'ayant plus la force nécessaire pour élaborer une séve saine et nutritive comme autrefois, elle poussera plus mollement, sera plus sujette aux intempéries du printemps et de l'été, et plus susceptible de reverdir et de se maintenir en état de végétation sous les pluies de l'automne.

Supposons à présent qu'on la fourrage encore l'année prochaine, ou seulement qu'il y ait de l'herbe, et qu'on n'ait pas soin d'en bien purger le sol, alors le mal sera à son comble. La première gelée y fera un dégât considérable ; elle absorbera de l'humidité putride encore en plus grande abondance et n'en sera que plus affaiblie. De sorte que si nous supposons qu'elle reçoive encore les mêmes soins une troisième année, sous les mêmes influences atmosphériques, elle pourrait bien se trouver réduite au plus mauvais état et n'être plus bonne qu'à renouveler.

Moyens préservatifs.

Quand un effet nous nuit, notre premier mouvement est de chercher à nous débarrasser de lui, et il est des cas où nous pouvons y arriver immédiatement et radicalement : c'est quand nous connaissons la cause qui l'a produit. Hors ce principe point de salut. Tout ce que nous pouvons faire dans ce but n'est qu'un tâtonnement, et tous les bons résultats que nous obtenons ne sont qu'une coïncidence du hasard avec certaines circonstances inconnues sans lesquelles nous n'aurions pas réussi.

Quand le soufrage des vignes est entré le plus en vogue, je l'ai dit déjà, et tout le monde le sait, c'est en 1858, année sèche et chaude s'il en fut jamais. Cette année-là, l'abondance du vin ne fut pas pour ceux seuls qui avaient soufré : elle fut générale ; on crut l'oïdium complétement disparu. L'année suivante fut encore sèche et chaude ; il y eut également une belle récolte. Mais 1860, qui ramena les temps couverts et la pluie, ramena aussi l'oïdium, qui sévit de nouveau avec autant de force que jamais.

On avait déjà parfaitement reconnu, dès le premier instant, que ce fléau n'était apparu qu'à la faveur des temps couverts, des brouillards et de la pluie, et en 1858, comme plusieurs fois depuis, on a eu à constater que la chaleur et la sécheresse pouvaient, sinon le détruire, du moins le tenir en échec et atténuer grandement ses mauvais effets.

On voit parfaitement que je n'ai rien dit qui ne fût déjà, par le fond, admis par tout le monde :

1° Lorsque je me suis entretenu de la lumière et de la chaleur naturelle, qui en est le résultat, et que j'ai dit qu'elle était indispensable aux êtres animés;

2° Lorsque j'ai parlé de l'influence de l'ombre et de la chaleur artificielle;

3° Lorsque j'ai dit que le calorique artificiel pouvait bien préserver du froid et de la gelée, mais ne pouvait nullement se continuer jusqu'à certaines limites sans fatigue pour les individus, vu son impuissance à provoquer une bonne nutrition et une végétation saine et robuste;

4° Et enfin lorsque, pour me résumer, je me suis servi de ce proverbe : La lumière, c'est la santé et la vie; l'ombre, c'est la maladie et la mort.

Si l'on peut supposer, et non sans raison, que l'oïdium n'est apparu qu'à la suite d'un affaiblissement dont une culture mal entendue a pu être la cause, il n'en est pas moins incontestablement vrai que ce n'est qu'à la faveur des temps couverts, des brouillards et de la pluie, c'est-à-dire à la faveur de l'ombre, de la chaleur artificielle et de l'humidité putride, qu'il peut prendre tout son développement.

Ce fléau est donc un effet dont nous connaissons les causes :

En premier lieu, une mauvaise culture;

En second lieu, l'humidité putride, produit inévitable de l'ombre, de la chaleur artificielle et de la gelée d'automne.

Cause primitive.

La cause primitive, la mauvaise culture et la taille exagérée, est entre les mains de tout le monde; les propriétaires peuvent la faire disparaitre quand il leur fera plaisir. Qu'on se pénètre bien que la vigne peut venir partout vigoureuse et forte, selon la qualité du sol, qu'elle peut, quel que soit le terrain, se soumettre à n'importe quel genre de taille. L'intéressant, ce qui est le principal, c'est de ne pas lui demander au delà de ses forces, c'est-à-dire de ne la charger qu'en proportion de la qualité du sol où elle est plantée et selon l'espèce du cépage auquel on peut avoir affaire.

Mais comment peut-on être fixé sur la limite de charge d'un pied de vigne? Ce n'est pas aussi difficile qu'on pourrait le croire au premier abord; il n'est même pas indispensable pour cela de connaître exactement les cépages.

Lorsqu'on voit des sarments peu nombreux, gros, longs, bien proportionnés d'un bout à l'autre, bien mûrs jusqu'à l'extrémité supérieure, et ayant donné des raisins volumineux, dont les graines étaient bien fraiches et bien nourries, c'est d'un pied qu'on peut charger davantage.

Lorsqu'on voit des sarments nombreux, moyennement gros et longs, mais bien proportionnés, bien mûrs, ayant donné des raisins assez gros, bien frais et bien nourris, c'est généralement d'un pied qui est dans son état normal, qui donne selon sa force. Il y aurait perte à le tailler plus court et imprudence à le tailler plus long.

Lorsque les sarments sont grêles, peu longs, quelquefois pas bien mûrs à l'extrémité supérieure, ayant donné des raisins nombreux, petits, échaudés ou grillés, c'est d'un pied qui est trop chargé ou qui a souffert d'une manière ou d'une autre. Il faut le tailler plus court jusqu'à ce qu'il ait repris sa vigueur habituelle.

Lorsque les sarments sont gros, mous, pas longs proportionnellement, pas mûrs sur le haut, couverts de taches noires, ayant donné des raisins à graines rares et pas bien mûres, ayant craint le coulage et étant attaqués par l'oïdium, c'est d'un pied qui a absorbé de l'humidité putride. Si le cas est récent et l'altération peu profonde, on pourra ne pas le tailler plus court si l'on veut; mais il faudra le préserver à l'avenir de la cause morbide qui l'a atteint, en se conformant à ce que je vais dire au sujet de la cause secondaire.

Ceci est dit pour une vigne qui est dans un assez bon état, et pour une année à température ordinaire. Il ne faut ni confondre cette végétation à excès de feuilles et sans beaucoup de fruit, qui est le fait d'une année pluvieuse, avec la vigueur saine et robuste qui provient de l'excédant de force que laisse toujours une taille trop courte; ni la maturité précoce des sarments et la maigreur des raisins, après une sécheresse, avec la faiblesse et l'altération auxquelles peut conduire une taille trop longue. Il ne faut pas charger davantage après une année pluvieuse, ni tailler plus court après une sécheresse; car le fait de cette fougue ou de cette pénurie de végétation, qui en est la suite, n'est qu'apparent, accidentel, et disparaîtra de lui-même si l'année suivante se comporte différemment.

Cause secondaire.

Nous ne pouvons pas empêcher la pluie de tomber, les brouillards et les nuages de couvrir le temps et de nous enlever les rayons du soleil, ou tout au moins de ne nous les laisser parvenir que fortement altérés; mais nous pouvons agir de manière à en atténuer presque complètement les mauvais effets.

Nous savons que la gelée, le coulage et l'oïdium font plus de mal où l'on sème du fourrage et où les herbes naturelles viennent en abondance, que partout ailleurs.

Nous savons que, dans les années pluvieuses, les herbes naturelles poussent plus que d'habitude.

Nous savons aussi que les herbes et les fourrages contiennent une quantité considérable d'eau de végétation; qu'ils empêchent l'eau de pluie de s'évaporer; qu'au contraire, ils attirent et concentrent sur leurs feuilles beaucoup d'eau de rosée; qu'ils déposent beaucoup de feuilles mortes, et qu'ils empêchent l'air et la lumière de pénétrer et de circuler facilement sur le sol, où s'établit par conséquent une fermentation dont le produit est une somme considérable d'humidité putride et de sels nutritifs végétaux entièrement moisis et corrompus.

Nous savons enfin que ce n'est pas l'eau proprement dite, pure et fraîche, qui fait beaucoup de mal, mais bien l'humidité putride, cette eau qui a croupi à l'ombre, au contact de l'air et de détritus végétaux en fermentation. Cette humidité putride est l'élément favorable par excellence au développement de la moisissure et des champignons, qui sont la gangrène des principes végétaux. C'est cette humidité putride qui, absorbée par les plantes, est la cause la plus générale de l'altération de leurs organes, et l'agent provocateur le plus puissant de leurs maladies.

De ces principes il ressort clairement que si, avant l'apparition de l'oïdium dans les vignobles, une mauvaise culture, une charge excessive avaient fatigué la vigne, des temps de brouillard et de pluie, en couvrant le soleil et en favorisant la pousse des herbes, avaient pu l'infecter d'humidité putride. Elle avait alors commencé à pousser plus mollement, à ne pas bien mûrir ses bois, à geler à l'automne, à absorber de la sève décomposée, et ainsi, de pis en pis, elle en était arrivée à se moisir elle-même et à contracter l'oïdium, qui est, comme on le sait, une espèce de champignon.

Donc, nous pouvons grandement, dans la plupart des cas, atténuer l'effet pernicieux de la pluie, des brouillards et des temps couverts, non seulement par rapport à l'oïdium, mais aussi par rapport aux gelées de printemps et d'automne et au coulage du fruit. Il ne s'agit pour cela que d'une chose bien simple : c'est d'empêcher les plants d'absorber de l'humidité putride, résultat qu'on obtiendra facilement :

1° En ne semant pas de fourrages;

2° En tenant, au contraire, toute l'année, le mieux que l'on pourra, le sol propre et purgé de toutes les herbes naturelles qui pourraient y venir;

3° En n'y laissant séjourner aucuns détritus végétaux, y compris les feuilles qui tombent à l'automne;

4° En ne fumant qu'avec des terreaux entièrement consommés et comme réduits à l'état de sels;

5° En rognant, à l'automne, tous les bois qui ne sont pas mûrs, avant ou immédiatement après la première gelée, toujours assez tôt pour empêcher la sève décomposée de pénétrer dans les parties saines de la plante;

6° En débarrassant le tronc de toute mousse ou vieille écorce qu'on peut y trouver quand on taille.

Moyens curatifs.

Si, pour éviter une chose désagréable, il n'y a rien de plus simple et de plus rationnel que de se soustraire aux causes qui peuvent la produire, il est de toute logique de ne pas moins s'y soustraire quand cette chose est survenue. Agir différemment, c'est tourner dans un cercle dont on ne pourra jamais sortir.

Donc, pour guérir une maladie, il ne s'agit pas seulement d'administrer des remèdes plus ou moins curatifs, mais de commencer par éloigner, si l'on peut, les circonstances qui ont causé et favorisé son développement. A quoi aboutirait-on, si l'on se bornait à sortir l'eau d'un étang qu'on veut dessécher et dont on n'aurait pas préalablement détourné les sources?

Allons donc! si nous voulons empêcher la vigne de subir si facilement la gelée, le coulage et l'oïdium, comme si nous voulons la guérir radicalement des altérations dont ces fléaux sont la cause, commençons par la placer dans des conditions de culture et de soins où elle sera le moins exposée à leurs ravages.

Puisque nous savons qu'une taille exagérée a pu l'affaiblir d'une manière considérable, ne la taillons pas aussi follement.

Puisque nous savons que, forte ou faible, il n'y a rien qui lui soit pernicieux comme d'absorber de l'humidité putride, tâchons de l'en préserver le mieux que nous pourrons, en agissant comme je l'ai enseigné dans tout ce que j'ai dit, et comme je l'ai donné en précepte dans l'article précédent.

Chez un sujet robuste et à vie tenace, comme la vigne, une affection doit immanquablement disparaître par la force seule et naturelle du tempérament, quand les causes qui l'ont produite n'existent plus.

Cependant, ce n'est pas une raison pour qu'il faille, après avoir atteint ce but, se croiser les bras et attendre, et ne pas faire autre chose si on le croit utile. Si on est parvenu à débarrasser un cep de vigne des influences morbides qui lui avaient donné l'oïdium, il n'en arrivera pas moins que ce cryptogame ne disparaîtra, si on ne le détruit pas immédiatement, qu'au fur et à mesure que les aliments lui manqueront, et qu'il pourra, pendant un certain temps encore, fatiguer le fruit et la plante.

Il y a donc, dans ce cas, tout avantage à appliquer ou administrer le soufrage ou autres moyens reconnus efficaces, pour arriver plus promptement à une guérison parfaite.

Bordeaux. — Imprimerie LAVERTUJON, 7, rue des Treilles.

www.ingramcontent.com/pod-product-compliance
Ingram Content Group UK Ltd.
Pitfield, Milton Keynes, MK11 3LW, UK
UKHW022138170726
13837UKWH00004B/1639